鲨鱼家族
海洋里的凶猛猎手

深海之谜
生机勃勃的黑暗国度

神秘机器人
人工智能和超级好帮手

神奇地球
蔚蓝的家园

太空之旅
深入宇宙的探险

探索月球
神秘而强大

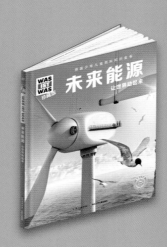

未来能源
让世界动起来

走进热带雨林
地球的绿色宝藏

未完待续……

恐龙王国

永远消失的地球霸主

[德]曼福雷德·鲍尔 / 著　赖雅静 / 译

方便区分出不同的主题！

真相大搜查

符号箭头 ▶ 代表内容特别有趣！

10 美国西部蛮荒之地的顶尖恐龙猎人，19世纪大多数的恐龙化石都是他们找到的。

看，我飞得多好！可以在空中和地面移动的翼龙。 **16**

18 异特龙是侏罗纪晚期凶猛的掠食者，此外，还有更多可怕的恐龙……

28 / 恐龙的生活

30 掠食性恐龙的攻击方式不同，无论体型大小，它们都同样危险。来认识这种同类相残的矮冬瓜吧！

34 慈母龙是超级妈妈，会喂养自己的孩子。

42 / 恐龙在今日

44 更多恐龙……在采石场和博物馆里。哪里可以参观、寻找恐龙？

24 不是游泳的理想地点。中生代的海中怪兽。

48 / 名词解释

重要名词解释！

恐龙木乃伊

泰勒·莱森正在为脆弱易碎的化石块浇上石膏，确保它们被运送到实验室时完好无损。

在1999年夏天即将结束时，16岁的泰勒·莱森走在美国北达科他州的荒地上，这处被称为"地狱溪"的地区就位于泰勒的家乡附近，泰勒在这片荒凉的区域里已经走了几个小时，他专注地盯着地面寻找化石。小时候他就在这里发现过恐龙的骨骼化石，这些化石大多只是小碎片，但有时也会找到一块完整的骨头。天色已晚，搜寻工作该停止了。

差点没看到——一片小阴影

夕阳斜斜地投射在地面，这时泰勒发现了一片小阴影，原来这里有一块露出地面的脊椎骨，泰勒谨慎地把尘土和小石子拨开，接着发现了第二块和第三块脊椎骨。这些骨骼化石分布的位置，就像一只活生生的恐龙一样，所以这些骨头不会是被水冲过来，或是被某只腐食动物无意中弃置的。从这些迹象看来，地底下应该还埋藏着更多，说不定是整只恐龙的骨骼呢！夜幕降临，远处传来了草原狼的叫声，泰勒把骨块收集起来放进塑胶袋里，并且清楚地标示了发现的地点。

泰勒的大发现

泰勒带着一个团队回来，他又陆续发现了更多骨骼，还有一件非常特别的东西：一片皮肤化石。英国恐龙专家菲利普·曼宁协助泰勒把这只恐龙挖掘出来，最后出现在众人面前的，是一具完整的骸骨；包括牙齿和部分皮肤，甚至体内的器官。原来，泰勒发现的是一具完整的鸭嘴龙木乃伊。由于这只恐龙在北达科他州沉睡了几千万年，所以泰勒帮它取了个绰号，叫"达科他"。

达科他的死因

研究人员只能推测达科他的死因，它可能是在躲避天敌追杀时陷入沼泽中，再也爬不出来。在达科他的下方还有一只古鳄，也许它想吃达科他的尸体，反却陷入达科他的下方，从而陷入沼泽深处。

恐龙的皮肤化石非常罕见。

达科他是怎样的恐龙？

达科他是一种鸭嘴龙，生活在6600万年前的恐龙时代末期。达科他虽然还没有发育成熟，却已经有8米长了。它有时以四肢爬行，有时以强壮的后肢站立，前肢足趾张得很开，中间连着厚厚的皮膜，有了这种"手套"，即使在河岸潮湿的沙地上，达科他也不会陷进去，从而可以在这一带寻找多汁的植物，以形状像鸭嘴的吻部把叶子或整根枝丫扯下来吃。鸭嘴龙没有坚甲、没有颈盾、也没有角，遇到暴龙一类的大型凶猛肉食性恐龙时无法反抗，但它们跑得很快，遇到危险时能迅速逃走，只有生病的、年老的或年幼经验不足的鸭嘴龙才会成为暴龙的食物。

性情温和，过着群居生活的达科他可能长着这副模样。这种鸭嘴龙会扯下树叶和枝丫当作食物。

鸭嘴龙

另一种形式的木乃伊

说到木乃伊，你知道的可能只是古埃及法老陵墓里的尸体，或是被西伯利亚低温冰封起来的长毛象。这些木乃伊或者被涂抹过香料，或者在超低温下冷冻，但达科他却是一具化石，不过这具化石除了骨骼以外，还有牙齿和皮肤。

这位古生物学家正小心翼翼地挪开沉积岩块。

知识加油站

▶ 鸭嘴龙跑起来时速可达 45 千米，暴龙的时速则只有 39 千米，所以鸭嘴龙能逃过暴龙的猎杀。换作是你，就绝对逃不了。

岩石里的踪迹

看起来就像在犯罪现场一般，一只恐龙的尸体正被仔细检验，死亡时间约在6千6百万年前。大部分的恐龙身体早在数亿至数千万年前就已经腐烂，或是被其他恐龙吃掉了，什么都没有保留下来。但是在少数的例子里，恐龙的身体会有一部分成为化石保存下来，但大多是恐龙的牙齿、爪子和骨骼等坚硬的部分。

寻找踪迹的人……

研究远古时代已绝迹动物的科学家，叫作古生物学家，他们不断寻找还没有被人发现的化石，尤其是一些容易挖掘的、恐龙时代的岩层。他们受过专业训练，能区分岩石和化石的差异，一旦发现化石，还必须判断地表下是否还埋藏有这只恐龙的其他部位、是否值得进行耗时又耗力的挖掘工作。在沙漠里挖掘化石特别容易，只需用刷子将沙土清除，就能把化石清理出来，但如果化石所在的岩层相当坚硬，往往需要好几个月的时间才能让骸骨重见天日。

执行侦探工作

在博物馆的实验室里，古生物学家必须把找到的骨骼拼凑起来，并且推断恐龙生前的大小和体型，他们甚至能重建已经消失的肌肉和其他柔软部位。有时挖掘人员也会发现恐龙胃里已经变成化石的物体、排泄物或是恐龙蛋，有时甚至是一整窝的蛋。

在非常少见的情况下，恐龙的皮肤印痕或足迹甚至也能保留下来，所有这些资料加起来，能让古生物学家推测出恐龙的外形、它们吃什么、如何活动。古生物学家就像侦探一样，他们要整合这些资料，让恐龙"重新活起来"。

恐龙蛋化石：和鸡蛋相比算大，但只要想到有些恐龙非常大，这些蛋就显得很小。恐龙蛋有圆形的，也有椭圆形的。

牙齿比骨骼坚硬，所以往往只有牙齿能保存下来。暴龙的牙齿可长达20厘米。

工作人员正以探针把鸭嘴龙宝宝的化石清理出来。

美国科罗拉多州和犹他州的恐龙国家纪念公园：古生物学家在此发现过上百只侏罗纪的恐龙。在这种陡峭的壁面上工作非常危险，需要熟练敏捷的身手。

这些上千万年前的脚印显示，许多种恐龙过着群体生活。

想发现恐龙 该怎么做？

先用石膏封住，以免恐龙骨骼在运输途中碎裂。

数亿至数千万年前，几乎世界各地都有恐龙的踪迹，但并不是每个地方都找得到恐龙化石。想发现恐龙化石需要运气，首先必须知道该从哪里找起。只有中生代（三叠纪、侏罗纪、白垩纪）时期的岩层才可能埋藏恐龙化石，所以岩层年代必须介于 2.52 亿年到 6500 万年前之间，这样才值得展开搜寻行动。

地质图标出了岩层的年代，能协助你找出正确地点。这种岩层往往被年代较近的岩层覆盖，只在山坡处或采石场才会显露出来；不过，有时在修建马路时也会发现恐龙化石。

历史久远的骨骼

我们往往只看得到从岩石里暴露出来、已经风化、被侵

指南针、封装化石的塑胶袋、锤子和毛刷是恐龙猎人的基本配备。

1、2、3、4：从恐龙到化石

一只恐龙在河边死去，陷入泥沼里（1）。皮肤、肌肉和器官腐烂，骨骼保留下来（2）。矿物质在骨质里积累，骨骼渐渐石化（3），并且被沉积的泥沙覆盖。经过几亿、几千万年，岩层的压力可能会使化石变形（4）。

化石在地底深处受到保护

蚀的少数骨骼，需要拥有敏锐的观察力，才能从周围的岩石中辨识出它们。从重量可以初步判断自己发现的是不是骨骼化石，因为恐龙的骨骼化石通常比附近的岩石重，而恐龙化石的颜色也和沉积岩不同，有时呈白色，有时泛着红、黑色调。经验丰富的恐龙猎人总会带着卫星定位仪，并且以准确的地理坐标把发现化石的地点记录下来。在将化石放进塑胶袋以前，最好能先拍照。

常年累月的工作

如果你运气够好，找到埋藏在地底下的完整骨骼化石，接下来就可以展开挖掘工作了。一开始，你需要十字镐和铲子，好清除周围的沉积岩，接下来再小心翼翼地用锤子和凿子把骨骼化石挖掘出来，然后用毛刷清除沙砾和尘土，并且利用方格网把每块骨骼一一画下来，另外还需要拍照记录。出土的化石都需要用棉纸包好并浇灌石膏。如今，化石已经有了妥善的保护，可以装箱了。当然，每一块化石都需要记录，每一块都要编号，以便将来能把分散的骨骼完整组合起来。

高高在上！古生物学家正在组装一具巨大的恐龙骸骨。

地貌和气候会随着时间而改变

古生物学家在进行开挖工作

6

5

4

5、6：化石显露出来

地层并非稳定不变，可能会发生褶曲，而风和水的侵蚀作用会剥蚀上方的岩层（5），最后有部分化石暴露出地表。这些骨骼化石还未完全被侵蚀前，如果被发现了，就有可能被古生物学家挖掘出来（6）。

骨骼 争夺战

在 19 世纪下半叶，有两名男子带着地质专用铁锤、步枪和炸药，在美国西部蛮荒之地奔波。这两个人就是对恐龙化石疯狂着迷的奥塞内尔·查利斯·马什与爱德华·德林克·科普，两人都想成为比对方更优秀的恐龙猎人。

反目成仇

科普和马什都出身自有权有势的富裕家族。16 岁时，科普就不再上学了，但靠着家族的势力后来当上了学院的教授；马什则在家财万贯的银行家舅父协助下，成为全美国第一位古生物学教授。一开始，科普和马什交情很好，还曾经以对方的姓氏为化石命名，但却从 1869 年开始反目成仇。科普曾经组合过一副名为薄板龙的海生动物化石，却错把头部安装在了尾巴末端，而不是脖颈上，结果被马什指出这个错误，这件事也成了科普一生中的奇耻大辱。

挺进西部蛮荒之地！

早期的研究人员主要在美国的新泽西州寻找恐龙踪迹，后来则将阵地转移到还没有被勘探过的西部地带。马什在 1870 年带领 70 名男子（其中包括著名的"水牛比尔"）上路，先前往内布拉斯加州，接着来到科罗拉多州和怀俄明州。马什发现了已经灭绝的骆驼和犀牛的残骸，并且在堪萨斯州发现了一只翼龙目的翼手龙，而且体型十分庞大。这项发现在当时造成了巨大轰动，因为这只翼手龙比在欧洲发现的大 20 倍。

奥塞内尔·查利斯·马什

1841年

理查·欧文爵士最先使用"恐龙"这个名称。

这种恐龙不曾存在过！马什误把一只圆顶龙的头架设在一只迷惑龙的身躯上，过了数十年，这个错误才被发现。

间谍与破坏

科普知道马什的成果后，隔年也出发前往堪萨斯州，并且在当地发现了一只巨大的沧龙，这是白垩纪时期生活在海中、体型巨大的海洋爬行动物。科普还发现一只翼手龙，而且体型更大。另外，他还在怀俄明州发现了一副大型恐龙骸骨，他把这只恐龙命名为"来自森林的奇迹"。科普因此被政府任命为"首席古生物学家"。

科普在马什已经挖掘过的地方又仔细搜寻一次，结果找到一具颅骨和几颗牙齿。科普以为是马什太过马虎所以没有发现这些化石，但其实马什是故意以两种不同的恐龙残骸布下疑阵，想要误导科普，让他自以为发现了新的恐龙种类。

就这样，科普和马什互相以间谍和破坏手段打击对方，安排错误的线索，甚至将遗址炸毁，让对手无法再开挖。

科普的假牙

科普为了得到克劳族印地安人酋长的支持，刻意把自己的假牙从口中取出来，印地安人看了以为这是个奇迹，大为佩服。科普还发现了第一只头上有角的恐龙颅骨。

无论是科普还是马什，两人早就无法独立完成这么繁重的工作，在挖掘助理和代理人的协助下，他们规划了一件又一件的挖掘工作。此时最重要的是看谁能雇佣到善于搜寻恐龙骨骼的人才，因此两人都想办法把对方的恐龙猎人挖过来，于是一吨又一吨的化石不是以铁路运送到费城给科普，就是运往耶鲁大学给马什，并以密码电报传送信息。

为刷新纪录而牺牲科学

竞赛的结果是科普和马什只在意自己的纪录，看谁挖到了体型最大的恐龙、谁又发现了更多种类……这项竞赛好的一面是，在这场骨骼争夺战以前，北美洲已知的恐龙只有 9 种，经过这场竞赛后则增加到 151 种。科普在 1897 年死于肾衰竭，死时落魄潦倒，两年后马什也死于肺炎。

爱德华·德林克·
科普

美国西部蛮荒地区中剽悍的恐龙猎人，带着刀和崭新的步枪。

科普的错误！生活在海中的薄板龙正和一只掠食性恐龙奋战的想象画面，科普误将薄板龙的头部置于尾巴末端。

成功的奥秘

翼龙不是恐龙，也不是鸟类的祖先！

鱼龙类的海洋爬行动物虽然和某些恐龙同时栖息在海中，但它们并不是恐龙。

恐龙族谱

恐龙是从主龙类的爬行动物演化而来的，在演化过程中不断有某些种类的恐龙消失，从原有的种类中又不断演化出新的种类来。剑龙和暴龙不会打在一起，因为它们分别生活在侏罗纪和白垩纪，这是两个完全不同的时代。

恐龙的胜利始于一场大灾难。古生代以一场生物的大灭绝终结，当时地球上70%的生物都灭绝了，包括许多爬行动物，而恐龙就是从一些侥幸存活下来的爬行动物演化而来，并且称霸陆地长达1.6亿年。

恐龙胜出

在演化的过程中，恐龙的身体结构不断发展，变得比和它们竞争的其他动物更加敏捷，因此能把那些动物干掉。少数恐龙可能是温血动物，它们的活动性比冷血的爬行动物更强。有些恐龙则拥有较大、效能更高的脑部。恐龙虽然称不上是"灵兽"，但某些恐龙确实比和它们竞争的其他爬行动物更加聪明。另外，恐龙四肢的生长位置也让它们具有一大优势：恐龙的四肢直接位于躯体下方，不像蜥蜴或鳄鱼位于身

坚尾龙类

兽脚亚目

虚骨龙类

手盗龙类

1

4

6

10

7

9

5

8

12

11

棘龙科

肉食龙下目

暴龙类

恐爪龙类

驰龙科

角鼻龙下目

蜥脚下目

体侧面，这让恐龙的动作更加灵活、迅速，活动时耗费的能量也较少。有些恐龙有着长长的尾巴帮助它们平衡身体，让它们能利用后肢奔跑，使动作更加迅速。

相比于和自己争夺食物的其他动物，恐龙拥有更强健的颚和颚肌，而特殊又优良的骨骼构造更让它们的骨骼轻盈，但强壮而有力。

蜥臀目

鸟臀目

兽脚形亚目

骨龙超科

原蜥脚下目

角足亚目

头饰龙类

装甲亚目

厚头龙下目

鸟脚下目

甲龙下目

剑龙下目

莱索托龙（属）

三叠纪
（约 2.5 亿~2 亿年前）

侏罗纪
（约 2 亿~1.45 亿年前）

白垩纪
（约 1.45 亿~6500 万年前）

暴龙

禽龙

专家级知识

蜥臀目与鸟臀目

恐龙可以分成蜥臀目和鸟臀目两大类。体型巨大的蜥脚类梁龙，还有兽脚类暴龙，都属于蜥臀目恐龙。蜥臀目恐龙大大的耻骨（红色）向下；鸟臀目恐龙的耻骨则朝前，如禽龙就属于鸟臀目。清楚知道这种差别的人可以说具备了恐龙专家的素质，别人是骗不了你的。

种 类

1.埃雷拉龙　　7.鲨齿龙　　13.莱索托龙
2.腔骨龙　　　8.腕龙　　　14.弯龙
3.板龙　　　　9.恐爪龙　　15.剑龙
4.美扭椎龙　　10.棘龙　　　16.肿头龙
5.角鼻龙　　　11.暴龙　　　17.三角龙
6.始祖鸟　　　12.泰坦巨龙　18.甲龙

恐龙时代

三叠纪

　　三叠纪时期，地球上只有盘古大陆一个陆块。

侏罗纪

　　侏罗纪时期，盘古大陆分离成南部的冈瓦那大陆和北部的劳亚大陆两部分。这两大陆块持续分离，形成许多温暖的浅海，是珊瑚礁、鱼类和海洋爬行动物的理想生活环境。

白垩纪

　　地壳板块持续分离，劳亚大陆与冈瓦那大陆分裂，形成如今我们所知的各大洲。美洲大陆往西，欧洲和非洲大陆往东漂流，形成大西洋这片新的海域。

　　恐龙生活在 2.3 亿年前到 6500 万年前之间，这个时期被称为中生代，而中生代又可以分为三叠纪、侏罗纪和白垩纪三个阶段。中生代时期，地球上的大陆板块分离，新的海洋形成，地球的气候也产生了变化。

三叠纪

　　约 2.5 亿年到 2 亿年前，在经历了一场浩劫后，地球上 70% 的生物都灭绝了，幸运存活下来的爬行动物演化成新的形态，例如兽孔目这类与哺乳类相似的爬行动物，在三叠纪末期演化为最早的哺乳动物，而这些哺乳动物也是所有如今哺乳动物（包括人类在内）的祖先。另外，翼龙和鱼龙等海洋爬行动物也出现在三叠纪，最早的恐龙则大约出现在 2.3 亿年前。

超大陆

　　三叠纪时期，所有我们如今所知道的陆块都连结在一起，成为一片大陆块，这块叫作盘古大陆的超大陆块被浩瀚的海洋包围，而在盘古大陆中央有一片干燥的沙漠，大陆的边缘则比较湿润，这里雨量相当多，形成密集的沼泽林地。

　　裸子植物在三叠纪时期迅速发展起来，还有蕨类和木贼等原始的绿色植物；森林里则长着苏铁、针叶树和银杏等远古时期的树木，这些植物也是植食性恐龙的食物来源。

侏罗纪

　　约 2 亿年到 1.45 亿年前，侏罗纪时期

也是个气候变迁的时期。这时盘古大陆分离成两个相当大的陆块，出现了许多浅海，地球上气候仍然相当暖和，南北极还没有结冰，但却出现了一个不同的现象：雨量变多，从前的沙漠如今成了茂密的森林，为植食性动物提供了充足的食物来源，恐龙也适应了新的生活条件，演化出越来越多的种类，尤其是体型巨大的蜥脚类恐龙。与此同时，

哺乳动物也持续演化，但体型还相当小，哺乳动物的时代还没有来临。

白垩纪

约 1.45 亿年到 6500 万年前，广大的陆块分裂成更小的陆块，并形成许多海洋，四季更加分明，生活在某些地方的恐龙现在也得忍受酷寒。除了原有的针叶林和苏铁类植物以外，阔叶树和最早的被子植物也出现了。同时，以植物为食、长有沉重硬甲的甲龙，以及声名狼藉的暴龙和其他体型巨大的肉食性恐龙也都出现了。

白垩纪末期，地球上出现了全球性的大浩劫，所有大型恐龙因此消声匿迹，只有少数体型较小的肉食性恐龙存活下来，并且演化成鸟类；这些鸟类可说是恐龙的后代。

1-23：生命螺旋——
单细胞生物、恐龙、人类

地球是在 46 亿年前形成的（1），地球温度降低后，海洋里出现了单细胞生物（2），单细胞生物又演化出多细胞生物（3）。约 6.2 亿年前，埃迪卡拉动物群生活在浅海中（4），寒武纪生命大爆发形成许多新物种（5）。最早的鱼类出现（6），两栖动物称霸陆地（7），从爬行动物（8）演化出了海生恐龙（9）和三叠纪时期的陆生恐龙（10）；空中则由翼龙主宰（11）。侏罗纪是蜥脚类恐龙的时代（12）。到了白垩纪，出现了被子植物（13），一些体型娇小的恐龙在天空翱翔（14），但它们和翼龙（15）并没有亲属关系。接着大型掠食性恐龙出现了（16），但它们没能逃过大浩劫，只有鸟类（17）和哺乳动物（18）持续演化，其中哺乳动物进一步演化出了体型更巨大的哺乳动物（19），有蹄类动物（20）、恐猫（21）与狼（22），后来，被驯化的狼更成了人类（23）的忠实伙伴。

三叠纪时期的恐龙

最早的恐龙出现在三叠纪，盘古大陆这块远古陆块绝大部分都还是沙漠，只在海岸地带和河流经过的地区才有许多植物生长，为最早出现的小型恐龙提供足够的食物。

越大越好

接着，一群以植物为食的恐龙逐渐演化出来，它们比当时的其他动物更大也更重：原蜥脚类恐龙脖子长得出奇，必须用长长的尾巴保持身体平衡。粗壮的四肢支撑着宠大的身躯，连树冠上的叶子都吃得到。原蜥脚类恐龙拇指的趾爪大而锐利，能把树枝拉过来，也能用来抵抗攻击者。原蜥脚类恐龙出现在三叠纪晚期，大约 2.17 亿年前，并且在距今 1.84 亿年前的侏罗纪中期消声匿迹。

黎明的掠夺者

始盗龙是地球上最原始的一种恐龙，它的属名"Eoraptor"意思是"黎明的掠夺者"。始盗龙只有 1 米长，是身手敏捷的小型肉食动物。它们的颚狭窄，长着许多极为锐利的小牙齿，它们很可能就是用这些利齿捕捉小型爬行动物。始盗龙的尾巴很长，能帮助它们在迅速捕捉猎物时保持身体平衡，后腿肌肉非常发达，每只手有五指，其中最长的三指都有爪，能把猎物牢牢抓住。始盗龙可能也吃动物腐尸。

真双型齿翼龙

三叠纪晚期出现了最早的翼龙，它们体型还相当小，其中真双型齿翼龙从尾巴末端到喙的长度大约是 70 厘米。它们的第四指特别长，能把皮革般的翼膜张开。它们的头部相当大，但头颅上有两处洞孔，所以构造非常轻巧。翼龙并不是真正的恐龙。

始盗龙牙齿尖而锐利，能将猎物咬碎，它们是行动敏捷的肉食动物。右图的化石是 1991 年在阿根廷发现的。

始盗龙大小和狐狸差不多，研究恐龙的学者对这种肉食性动物究竟长有爬行动物般的皮，还是覆盖着细须毛，意见并不一致。

槽齿龙

　　槽齿龙的化石是在英国发现的，这种植食性恐龙能以四肢爬行，也能用后腿站立快速奔跑。槽齿龙体长约两米,重约30千克。

大带齿兽

　　大带齿兽并不是恐龙！三叠纪时期出现了最早的哺乳动物，它们有些和老鼠一样小，有些和猫差不多，身上长有皮毛的大带齿兽就是这样的哺乳动物，所以它们也算是人类的祖先呢！

侏罗纪时期的恐龙

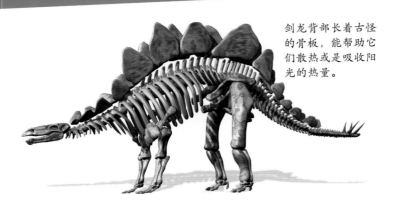

剑龙背部长着古怪的骨板，能帮助它们散热或是吸收阳光的热量。

侏罗纪时期大约从 2 亿年前开始，那时辽阔的森林里生长着巨大的植物，不断有体型更大的新植食性动物演化出来，其中最大的是脖子极长、重量级的蜥脚类恐龙，例始梁龙可以长到 27 米长、15 吨重，相当于 3 只大象的体重，而它们也和大象一样，主要靠 4 条柱形腿支撑庞大的身体。

强壮的巨无霸

但和腕龙相比，梁龙的体重还算轻呢！腕龙是侏罗纪晚期最重的恐龙，某些科学家认为它们可以重达 100 吨。腕龙的名称"Brachiosaurus"意思是"长臂蜥蜴"，它们的前肢超过 4 米长，后肢较短，因此背部往后方倾斜，小小的头部则长在 12 米高处，所以其他恐龙够不着的树冠叶子它都吃得到。蜥脚类恐龙可能和现在的大象一样，过着群居生活。它们的化石足迹显示，它们会共同迁移到另一处食物充足的地方，这时它们会让幼小的恐龙走在中间。过着群体生活、体型又特别庞大，这样能保护蜥脚类恐龙不受大型掠食性恐龙攻击。植食性的蜥脚类恐龙体型如此庞大，可能是植食性恐龙和肉食性恐龙之间竞赛的结果。蜥脚类恐龙的体型是大型肉食性恐龙的 10 倍。

尾刺尖锐的剑龙

剑龙体型小多了，但看起来却倍加凶猛，它们在森林里穿梭，寻找蕨类和木贼类植物吃，并且以尖利的尾刺保护自己。它们背上竖立着两排外张的骨板，这些骨板可能具有调节体温和求偶的功能。

➡ 世界纪录

50 吨

腕龙可能非常重，为了保持体重，它们必须整天不断进食。

腕龙每天都需要吃 200 千克的绿叶和树枝，一辈子都在忙着吃东西。它们的体型越大，掠食性恐龙就越难伤害它们。

贪吃的大块头

从三叠纪时期体型偏小的兽脚类恐龙演化成壮硕的掠食性恐龙，异特龙就是一个例子。异特龙颌部强壮，牙齿锐利，后肢强而有力，奔跑起来非常迅速，耐力也好，四肢各有3根主要的趾爪，这些趾爪长而锐利，前肢能用来捕捉猎物。

小而凶猛

美颌龙大小和鸡差不多，从头部到尾巴末端长约1米，眼睛大，前肢末端长着趾爪，是可怕的掠食者。它们有许多骨骼是中空的，这一点和如今的鸟类相同，因此体重轻，动作敏捷。美颌龙的尾巴长度是身体的两倍，能帮助它们在奔跑时保持平衡，并且能突然改变方向，追捕体型较小的哺乳动物、蜥蜴和年幼的其他恐龙。在很长一段时间内，美颌龙都被认为是最小型的恐龙。

不可思议！

异特龙生活的时代比暴龙早了7千万年，这种令人畏惧的掠食性恐龙身长8到12米，体重可达两吨，长长的脖子上有颗巨大的头颅，动作却非常敏捷。

美颌龙是体型小、牙齿尖锐、动作敏捷的肉食动物。

暴龙是地球史上体型最大的掠食性动物之一，它们捕食体型较大的植食性恐龙，也吃腐尸。

白垩纪时期的恐龙

白垩纪始于 1.45 亿年前，终于 6500 万年前，是恐龙的全盛时期。当时的生物都必须适应不断变化的环境，因此演化出许多新的恐龙种类。

恐龙暴君

暴龙大概是最出名、名声又最差的恐龙了，它们长约 12 米，高约 6 米，是食量很大的庞然大物，从三角龙到白垩纪最常见的植食性恐龙埃德蒙顿龙都吃。暴龙的颌部非常强壮，牙齿锐利，能从猎物身上咬下大块肉来。暴龙眼睛上的骨骼，能避免被奋力对抗的猎物抓伤。但暴龙的前肢瘦小，对它们追捕猎物应该没什么帮助。暴龙是地球上最大型的陆生掠食性动物之一。

三角龙眼睛上方的两只角长度可达 1 米。

甲龙科中的包头龙有长着棘刺的坚硬骨板保护，尾巴末端的骨槌连暴龙都伤得了。像别的甲龙一样，它也有水桶般的身躯。

…… 棘 龙

棘龙背上有着引人注目的皮质帆状物，它们生活在沼泽或河口处，利用长长的尾巴保持身体平衡。天气太热时，它们就躲到阴凉的地方，把血液输送到帆状物上；到了清晨，再利用帆状物吸收阳光的热量。

另有科学家认为，这个帆状物可能是储存养分的部位。如果真是这样，棘龙就有一个类似如今的骆驼驼峰、内有脂肪的隆起物。

鳄鱼嘴

你是不是觉得暴龙是个凶恶的坏蛋呢？那么不妨再看看棘龙！棘龙生活在 9500 万年到 7000 万年前，长约 18 米，光是头颅就有两米长。它们的嘴类似鳄鱼嘴，嘴里长着短剑般的长牙。它们可能独自猎食，并且和如今的鳄鱼一样，张嘴咬住水中较大的鱼，有时也吃体型较大的植食性恐龙。

最特别的是它们背上由骨棘撑起的皮质帆状物，最长的骨棘可达 1.8 米。科学家猜测，棘龙骨棘之间连结着一片血液畅通的皮质帆状物，这种帆状物有助于棘龙调节体温。除了这个功能以外，这片帆状物当然也能威吓对手，或是吸引异性。

娇小、敏捷、凶猛

恐龙不一定都巨大壮硕，比如伶盗龙的体型就很小，它们的动作极为敏捷，眼睛大且朝向前方，即使光线昏暗也能发现猎物。伶盗龙和火鸡差不多大小，身上也有羽毛，能避免体温下降，就算在夜间也能保持一定的体温，但是不能用来飞行。伶盗龙的第二指长有镰刀状的指爪，可能被用来抓紧猎物。

暴龙的小兄弟：伶盗龙的身体究竟是什么颜色？

空中霸主

翼龙在其他恐龙头顶上方、陆地和海洋上方盘旋，寻找食物。翼龙并不是恐龙，但和恐龙有密切的亲缘关系。翼龙体型有大有小，最大的风神翼龙翅膀张开来有 11 米，几乎像滑翔机那么大；体型小的翼龙只有鸽子般大小。

矛颌翼龙翅膀张开有 1 米宽，长长的尾巴末端呈帆状，这是侏罗纪翼龙的特征。这个帆状物有助于控制方向。

身轻如鸟

只有身体轻盈才能飞得起来。翼龙和如今的鸟类一样，骨骼也是中空的。像蝙蝠一样，它们手部延伸得极长的指头和后肢之间绷着富有弹性的皮质翼膜，翼膜前缘遍布肌肉，让翼龙能灵活调整翅膀形状，在空中巧妙飞行。翼龙飞行迅速灵巧，就像信天翁一样展开翅膀，利用上升的热气流滑翔，不需费力就能在空中停留很长一段时间。

和如今的鸟类不同的是，许多翼龙的喙长有牙齿，而且身上没有羽毛，有些种类的翼龙甚至长着皮毛。

来自大海的粮食

许多翼龙可能以昆虫、鱼类或其他体型较小的恐龙为食物。它们尖窄的头部附近悬吊着一个喉囊，用来捕鱼。而它们也和鹈鹕类似，能俯冲潜入水中，用喉囊把水过滤掉，将整条鱼吞下肚。另一些翼龙则滤食远古海洋中的浮游生物或小型动物。

无齿翼龙的行走方式

无齿翼龙翅膀张开可达 9 米，在陆地上它们会把翅膀收拢，用四肢笨拙而僵硬地走回窝里，喂食它们的宝宝。

这是翼龙的完整形态，头颅小，骨骼纤细。

冠 饰

许多白垩纪的翼龙和这种无齿翼龙一样，头上和颌部往往长着形状和色彩奇特的彩色头冠。这些头冠的作用可能是帮助它们辨识同类，并用来吸引异性。雄性无齿翼龙的头冠可能特别大，色彩也特别鲜艳。最早的翼龙头上还没有头冠，例如喙嘴翼龙。头冠或许能让它们飞得更好。

◄ 用尖利的牙齿捕鱼

古魔翼龙翅膀张开可达 4.5 米，在海上威武滑翔，寻找鱼群。这种白垩纪时期翼龙的尾巴相当短。

弱肉强食。这只滑齿龙张嘴咬一只神河龙。

海洋魔王

在远古时代的海洋里游泳可能不是个好主意，因为当时不只是陆地上，海洋中也有饥饿的掠食者在觅食。中生代的海洋里除了鲨鱼，还有其他掠食性海洋爬行动物，其中一些体型大得惊人，嘴里还长有利牙。这些动物既不是鱼类也不是恐龙，它们是已适应海洋生活的爬行动物，但它们只有肺，没有鳃，必须浮到水面呼吸。

爬上陆地生产

幻龙在三叠纪近岸的浅水海域掠食，它

但趾间有蹼。幻龙大部分时间都生活在水里，也在水中捕食鱼类，但要生宝宝时，会来到陆地上。幻龙和许多爬行动物不同，它们采用卵胎生的生殖方式，并不会下蛋。

中生代的鱼龙

鱼龙皮肤光滑，没有鳞片，身体和海豚类似，但尾鳍和鱼类一样是竖立的。鱼龙在三叠纪早期就出现了，并且存活到白垩纪中期。它们长长的嘴里有着锐利的牙齿，能用来掠食鱼类和菊石，菊石是已经灭绝的海生

截至 2015 年，德国共有 70 余人获得诺贝尔奖，其中 60 余人获得自然科学领域的奖项。分析其中的原因，肯定有很多种，其中有一条是不能忽视的，那就是科学知识的普及。让每一个孩子阅读好的科普读物是德国社会的共识。

《什么是什么·珍藏版》是《什么是什么》系列的全新作品，每本书的作者都是该领域的专家，他们都有为孩子写出优秀科普读物的愿望，往往将自己一生的研究成果浓缩进一本薄薄的科普书里。书中的照片是由泰斯洛芙出版社出资购买的一手高清图片，来自国际各大研究机构，所有照片都非常精美、清晰，书后均附有详细的图片来源说明——这种情况在国内外其他少儿百科全书中很难看到，这种做事严谨负责的态度，只怕只有德国人才有。此外，为了让孩子们充分享受阅读过程、感受科学的魅力，每本书都采用了大量详实有趣的案例，用深入浅出的语言将知识进行诠释和分解，具有极强的趣味性和可读性。从作者的专业性到素材选择的高标准，从知识体系的严谨性到语言表达的反复打磨，凡此种种，无不凝聚着做书的匠人之心。

希望这套来自德国的科普经典——《什么是什么·珍藏版》能够指引我们的孩子，放眼看世界、放手去探索。让我们期待，一套优秀科普书带给孩子的无限可能。

源·自·德·国　WAS IST WAS　经·典·60·年

什么是什么·珍藏版

中国科学院院士推荐
给孩子们的百科知识全书

专业·健康·爱+ 海豚传媒

专家推荐 >>>

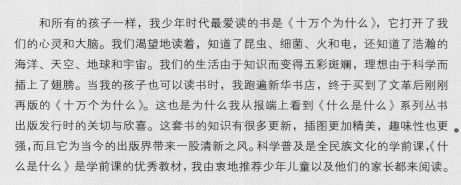

我一下子就被这些德国科学家送给我们小朋友的礼物吸引了。虽然我在武汉大学当了好多年的生物学教授，但书里面的许多知识，我以前并不知道，或者没有很好地理解。举一个让我印象深刻的例子吧。几平方千米热带雨林里植物的种类，就可能比整个欧洲还多。我一直以为雨林的土壤一定很肥沃，可事实却恰好相反。更令我惊奇的是，正是远在5000公里之外的撒哈拉大沙漠，让亚马逊热带雨林如此繁盛。因为，科学家依靠卫星数据证明，每年有2亿4千吨沙土被风带着飞过大西洋，很大一部分会降落在亚马逊，带来植物生长所需的各种矿物质。还有，科学家对地球上生命的真诚的爱心，也打动了我。

>>> 武汉大学生命科学学院教授、生态学系主任 / 卢欣

本套读物编制精良，严谨而不失活泼，剪裁排布尤见科学功力，每节读来都有一目了然之感，洵为科普书林菁华。做一套好的的少儿科普读物实在很难：过于"学究气"会令少年读者兴味索然；一味追求趣味性又难于兼顾知识体系；一旦稍失严谨，就会给孩子种下错误的认识。作为一个常年处在教学和科研一线的空间科学工作者，我也时常感慨于国内介绍相关内容的科普书籍，尤其是优秀的少儿科普读物的匮乏。这套书文字优美、并图文并茂，愿太空中绚丽的极光，在星辰大海中指引本书读者们好奇的年轻眼眸，是为荐。

>>> 北京大学空间科学与探测中心主任 / 宗秋刚

和所有的孩子一样，我少年时代最爱读的书是《十万个为什么》，它打开了我们的心灵和大脑。我们渴望地读着，知道了昆虫、细菌、火和电，还知道了浩瀚的海洋、天空、地球和宇宙。我们的生活由于知识而变得五彩斑斓，理想由于科学而插上了翅膀。当我的孩子也可以读书时，我跑遍新华书店，终于买到了文革后刚刚再版的《十万个为什么》。这也是为什么我从报端上看到《什么是什么》系列丛书出版发行时的关切与欣喜。这套书的知识有很多更新，插图更加精美，趣味性也更强，而且它为当今的出版界带来一股清新之风。科学普及是全民族文化的学前课，《什么是什么》是学前课的优秀教材，我由衷地推荐少年儿童以及他们的家长都来阅读。

>>> 中国科学院院士 / 翟明国

德国泰斯洛芙出版社 (Tessloff Verlag) 出版的《什么是什么》(WAS IST WAS) 系列科普书籍，系邀请各领域的知名专家撰写，气势恢宏，涵盖自然科学的方方面面，无疑是科普作品中的集大成者。该系列全面展现了德国科学人专业、严谨的特点，同时又充满趣味性，并以探索精神贯穿始终。自问世以来，《什么是什么》系列图书不断改进，在世界范围内畅销不衰，俨然已成科普经典。海豚传媒本次陆续推出的《什么是什么·珍藏版》，宛如拨开迷雾，使我国的小读者们重见满天繁星！我们期待着小读者们在《什么是什么》系列图书的滋润下，成长为未来的科学家！

>>> 南京大学天文与空间科学学院教授 / 黄永锋

我记得小时候（70年代）课外读物极少，读到科学丛书那只是奢望。在小学时，唯一能读到的关于大自然的科学读物就是《少年儿童报》中介绍未来机器人故事的专栏，我印象至深，直至我现在成为一名天体物理学家。在我国科学界有一种传统，科学家不屑去写科普读物，尤其是少儿读物，曾经被认为是不务正业。可是这套《什么是什么·珍藏版》丛书却是出自各个领域的专家之手。图文并茂，直观形象，通俗易懂，内容丰富。科学知识介绍内容正确、逻辑严谨、与时俱进，吸纳当今科技发展前沿成果。儿童读此读物，一定会在幼小的心灵上打下科学的烙印，有的儿童可能就是未来的科学家。因此我愿意推荐此书，尤其是其中关于太空和宇宙的知识更加精彩。

>>> 北京师范大学天文系教授 / 张同杰

我在清华大学一直从事航空宇航科学与技术相关的教学与科研工作，也曾在德国工作了一段时间，工作和学习的需要让我阅读了大量的专业书籍和科普读物，在德国期间出于好奇和当时学习德语的需要，我也读过这套儿童科普读物中的几本，无疑让我眼前一亮，爱不释手，看到"她"能够以中文版呈现给中国儿童，令我兴奋！《什么是什么》是一套面向儿童的科普读物，内容架构的丰富性以及逻辑的缜密性让人印象深刻，充分体现了德国制造的高质量和高品位，让我深深感叹于作者选材的用心，感叹于作者把握儿童认知心理学的能力，感叹于作者驾驭文字的功力。图书辅以必要且充分的图文解释，让乏味的知识有了鲜美味道，用朴素的语言深入到科学范畴的浓厚内涵，做到的不仅是"知趣"，而且是"知味"！我郑重地向中国的家长和儿童推荐这套丛书！

>>> 清华大学航天航空学院副教授 / 王兵

作为一套百科全书式的科普读物，这套书无论选材、文字和配图，都使人感觉是一刀到位的"外科手术刀"似的精确，绝不拖泥带水。不愧严肃、严谨、严格和一丝不苟这几个词，给人的印象很深，的确是原汁原味的"德国造"。这套书的成功，首先在于策划的成功。其次在于作者的选择，必定是一些各个专业的专家，可又是熟悉儿童心理和有文学修养的学者。要不，即使素材选择准确了，也不可能用儿童习惯的观察方式和语言表现出来。不消说，这是一套佳品，我愿意郑重推荐。要知道，作为毕生从事"花岗岩研究"的地质科学工作者，早已形成了"花岗岩脑袋"。我是不会像一些社会明星一样，随便给假药作广告的。

>>> 国家科技进步奖获得者、著名科普作家、地质学教授 / 刘兴诗

孩子脱胎来到这大千世界，很快就会被眼花缭乱的事物所迷惑、所吸引，这是什么？那是什么？许多问题油然而生。到哪里去寻找答案？《什么是什么》这套享誉世界的少儿百科全书，用通俗易懂的语言，简明精确地讲述了包罗万象的知识要点，是孩子们学习的老师，启蒙科学的宝典，读来受益匪浅。

>>> 中国科学院院士 / 刘嘉麒

风、雨、雷、电等天气现象是孩子们最先感受到的大自然的力量，面对它们，孩子们总会有无穷多的"为什么"。女儿就时不时地会问我一些有关天气的问题，而我却苦于怎么用八岁小孩能理解的方式解释给她听，在得不到满意的回复时，她都会轻轻抱怨一句：你不是研究天气的吗？《百变天气》这册书用孩子能理解的方式讲述了复杂的天气现象因何而来，为孩子们打开了一扇气象万千的大门。

>>> 南京大学大气科学学院副教授 / 储可宽

值/得/珍/藏/的/百/科/全/书

受益终生的珍贵礼物

给他知识，更要给他求知的心；

给他鼓励，更要给他探索的热情；

给他讲故事，更要给他叹为观止的科学世界。

告诉孩子，什么是什么，从小拥有大视野，

让宝贵的科学精神，伴随孩子的一生。

探索者，一往无前

作为童书编辑，我常常感慨现在的孩子真是幸福，他们所处的时代有那么多优秀的科普读物可以选择——要知道，这一点之于满怀好奇心和探索欲的少年儿童弥足珍贵。假如我们小时候也有机会接触到如此丰富的"精神食粮"，如今的生活极有可能又是另外一番景象。深深的羡慕过后，更多的是为孩子们感到欣喜，因为他们从小就能与世界科普读物中的佼佼者为伴。2008 年，德国知名科普品牌"什么是什么"（WAS IST WAS）经海豚传媒成功引入中国，其间经历了漫长的过程。

《什么是什么》系列是德国泰斯洛芙（Tessloff）出版社的经典之作。根据慕尼黑市场调研机构 Iconkids & Youth 的一项综合调查结果，每个德国家庭至少有一本《什么是什么》系列的图书。《什么是什么》陪伴了德国几代人的成长。从出版社提供的数据来看，该系列百科全书出版 60 年以来长盛不衰，在德国本土的销量超过 6000 万册。在全球范围内已被翻译为 39 种语言，遍及 45 个国家和地区，销量超过 8000 万册，成为受世界各地青少年喜爱的科普图书之一。

克柔龙属于上龙亚目，是蛇颈龙的短颈亲戚。克柔龙的头部几乎是暴龙头部的两倍大。

➡ 世界纪录

5米

薄板龙的脖子有5米长，由72块颈椎骨构成，活动起来非常敏捷，在掠食时这是一项莫大的优势。

海中怪龙

玛丽·安宁在1821年发现第一具远古时期的蛇颈龙化石时，这具化石看起来"非常吓人"，因此将这种蛇颈龙命名为"Plesiosaurus"，意思是"海龙"。上龙类的蛇颈龙长有4个类似翅膀的鳍状肢，能以时速40千米的速度追捕水中的猎物。滑齿龙也属于上龙类，它们的嘴很大，连成年的鱼龙都吞得下。薄板龙长约15米，长长的脖子上方是一颗小小的头，薄板龙用长满利牙的嘴掠食鱼类，除此以外，它们桶状的身躯游得并不快。

恐龙灭绝时，大多数海洋爬行动物也跟着消声匿迹了。

这种鱼龙和鲨鱼一样，有着竖立的尾鳍，但它们和海豚一样必须浮到水面上呼吸。这种鱼龙的鼻孔位于眼睛前方。

➡ 你知道吗？

滑齿龙长达6米，是侏罗纪晚期壮硕的海洋掠食者，颅骨和颌骨特别强壮。其他海洋爬行动物在水面下大多得闭紧鼻孔内的瓣膜，滑齿龙却能让海水通过鼻孔不断流经嘴部，经过咽喉里敏感的味觉器官，借以嗅到猎物的气味。

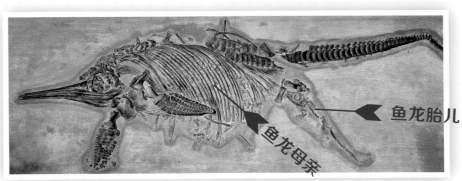

鱼龙胎儿

鱼龙母亲

非常罕见，这只鱼龙在生产过程中变成了化石！发育完成的鱼龙胎儿出生时尾巴朝前。

一颗巨大的陨石引发了大海啸。

恐龙
到哪里去了?

体型巨大的蜥脚类恐龙因为食物不足,也无法活过白垩纪末期。

科学家至今都还没有发现距今 6500 万年前之后的恐龙化石,彷佛恐龙一夕之间就完全消声匿迹了。6500 万年前到底发生了什么事?很久以来这个问题都没有得到合理的解释,后来科学家发现一处罕见的薄层沉积岩层,岩层里含有大量的铱元素。铱这种化学元素在地球上非常稀有,但很容易在陨石里发现。当地的沉积岩层恰好有 6500 万年的历史,这难道只是一种巧合? 6500 万年前地球上住着肉食性的掠食者暴龙、植食性的三角龙等,三角龙的头颅后方长着骨质头盾,前面长着 3 根尖锐的角。

天空中的亮光

天空中出现了让许多恐龙惊恐万分的现象:根据推测,一道耀眼的光芒伴随着爆炸声在动物之间引发了一阵骚乱,但这一次就算想跑也没有用。

如今我们知道，当时有一颗大陨石撞击到地球，落到墨西哥的尤卡坦半岛。那个陨石坑一直都没有被人发现，因为那里早就经过风化、侵蚀，而且绝大部分都被海水覆盖，直到通过卫星从太空中拍摄的照片，科学家才发现了这处撞击地点。

大灾难

当时陨石撞击的范围非常大，从美洲大陆直到加勒比海。陨石撞击地面时引发了一场大海啸，影响力遍及地球各地，某些地区的海岸一带甚至卷起上千米高的大浪，摧毁了所有的生命。另外，陨石撞击把大量尘埃卷到大气层，使地球陷入长达多年的黑暗，引起了持续好几年的寒冬。植物缺乏阳光无法顺利生长，造成许多动物饿死，在短短几千年内动物便死去大半，包括体型庞大的恐龙。

就这样，在地球上称霸了 1.6 亿年的恐龙就此灭绝。

➡️ **世界纪录**
10千米

一颗直径约为10千米的陨石撞击地表，形成直径180千米的陨石坑。

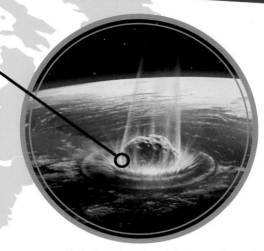

来自太空的死神：巨大的陨石撞击地球，引发了一场强大的冲击波，威力遍及全球。

希克苏鲁伯陨石坑位于墨西哥尤卡坦，是目前发现的最大的陨石坑。

剧烈的火山爆发

白垩纪晚期地球上出现了许多大型的火山爆发活动，在上万年的时间里，如今的印度一带不断涌出熔岩，大量的灰烬和温室气体散入大气层，笼罩在地球上方，造成气候缓慢而持续地变化。陨石撞击加上火山爆发，恐龙再也无法存活了。

恐龙的大灭绝可能也和威力强大的火山爆发活动有关。

知识加油站

▶ 流星体是太阳系内颗粒状的碎片，进入地球大气层的流星体叫作陨石，而我们见到的、划过天际的一道亮光则是流星。传说对着流星可以许愿，但流星却没有为恐龙带来幸运。

给我看看你的牙齿……

陈凯伦是恐龙粪石专家，她正在用显微镜观察恐龙粪石，想找出其中的骨骼碎片或植物残骸。

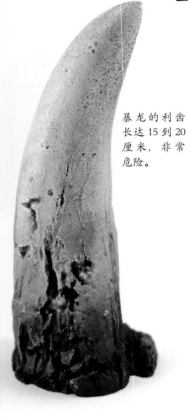

暴龙的利齿长达 15 到 20 厘米，非常危险。

我就知道你吃什么。肉食性和植食性恐龙根据牙齿就能区分开来，肉食性恐龙牙齿狭窄像刀刃，而且末端尖锐，可以轻松把猎物的皮咬穿。另外，它们的牙齿像牛排刀一样有锯齿，能锯断猎物的肌肉和肌腱，而且稍微后弯，能牢牢咬住嘴里的猎物。

消化系统

肉类比植物性食物更容易消化，所以掠食性恐龙的消化系统较小，也比较简单。正因为这样，肉食性的兽脚类恐龙能以双脚站立，植食性的蜥脚类恐龙就必须四肢着地才行。同样是以植物为生，体型较小的鸟脚类恐龙行走时虽然四肢着地，遇到危险时却能用后腿奔跑，迅速逃命。

知识加油站

▶ 研究恐龙的科学家对恐龙的粪便非常着迷。恐龙的粪便已经不再热腾腾，也没有臭味，因为它们已经变成化石了。但它有助于我们了解恐龙的饮食习惯。

胃石的作用

如果有人以为植食性恐龙只吃树叶的话，那可就想错了。植食性恐龙需要吃大量的苏铁类植物，当时有许多大面积的苏铁林，但苏铁类植物皮革般的叶子非常坚韧，吃苏铁植物的恐龙还需要吞下一些石

胃石

一些恐龙在胃中用小石块磨碎坚硬的植物类食物。

鸭嘴龙用它们的牙齿嚼碎植物类食物。在此过程中，它们的上颌骨和下颌骨相对运动进行咀嚼。

似鳄龙生活在红树林沼泽，它们可能站在水中守候猎物，一旦发现鱼类，就张开鳄鱼般的嘴，或是利用镰刀状的利爪迅速捕捉。

暴龙的牙齿。暴龙是贪吃的肉食性恐龙，它们的旧牙脱落后可以长出新牙来。

子，让石子在胃里把树叶磨碎。直到如今，鸡（有可能是恐龙的后代）仍然会这么做。鸡在啄食地上的谷粒时，也会把细石子一起吞进胃里。科学家在恐龙骸骨中发现，从前是胃部的地方留有许多磨滚过的胃石，只不过和恐龙的体型相比，这些胃石的数量相当少。

植食性恐龙为什么如此巨大？

研究恐龙的科学家推测，植食性恐龙之所以这么庞大，是因为它们的食物难以消化，所以身体里需要大型的"发酵槽"和长长的肠子，才能吸收植物所有的养分。进入它们体内的糊状食糜需要经过长时间发酵，但想想看，发酵时产生什么呢？没错，会产生大量的气体！植食性恐龙会不断放屁，当它们在森林里走动时，会传来放屁声和臭味。

有趣的事情

巨无霸南瓜

19世纪时，英国有人把恐龙粪便的化石磨碎当作肥料使用，其中蕴含的丰富磷酸盐为人们带来了大丰收。

掠食性恐龙的武器

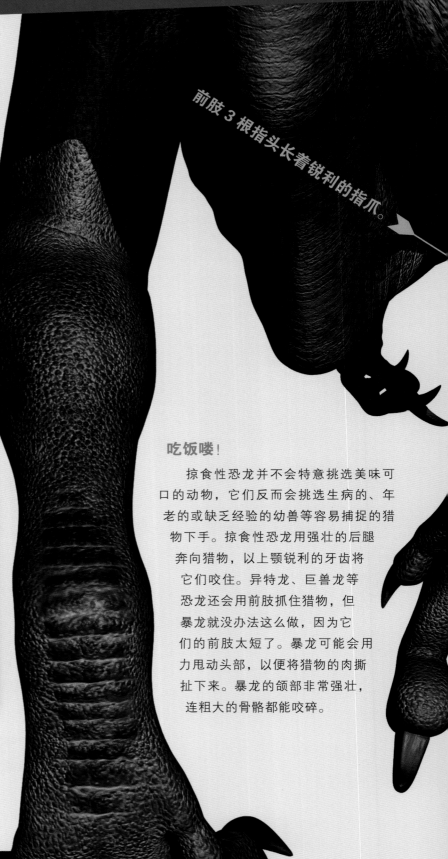

前肢3根指头长着锐利的指爪。

并非所有肉食性恐龙都像暴龙或巨兽龙那样巨大又可怕，许多恐龙体型不大，动作却非常敏捷，而且拥有致命的武器。几乎所有的掠食性恐龙都属于蜥臀目中的兽脚亚目，能用后腿迅速奔跑。兽脚类恐龙大多有着长长的脖子和长长的尾巴，以便保持身体平衡，这样才能迅速改变行动方向而不会摔倒。它们趾爪锐利，牙齿尖锐，形状大多像短剑，这两大特点让它们成为非常凶猛的掠食者。

吃饭喽！

掠食性恐龙并不会特意挑选美味可口的动物，它们反而会挑选生病的、年老的或缺乏经验的幼兽等容易捕捉的猎物下手。掠食性恐龙用强壮的后腿奔向猎物，以上颚锐利的牙齿将它们咬住。异特龙、巨兽龙等恐龙还会用前肢抓住猎物，但暴龙就没办法这么做，因为它们的前肢太短了。暴龙可能会用力甩动头部，以便将猎物的肉撕扯下来。暴龙的颌部非常强壮，连粗大的骨骼都能咬碎。

爱吃鱼的恐龙

重爪龙身长可达9米，它们在离岸边不远的浅水域捕捉猎物，曾经有人在它们的胃里发现过鱼鳞化石，由此可知它们也吃鱼。不过在它们的腹部也有其他恐龙的残骸，所以它们也吃陆生动物。重爪龙可能是用稍微弯曲的趾爪将猎物撕裂。

强有力的牙齿连骨头都咬得断。

巨无霸掠食者

巨兽龙体型非常巨大，长度达 13 米，体重达 10 吨。它们可能埋伏在灌木丛里掠食。它们的牙齿可以长到 18 厘米，连蜥脚类恐龙都可能成为它们的食物。

小而敏捷

伶盗龙这一类体型较小的掠食者，以锐利而又灵巧的指爪当作致命武器；伤齿龙能准确估计距离，手也能抓握。有些伤齿龙会成群打猎，掠食的对象也包含一些体型较小的恐龙。伤齿龙的嗅觉非常灵敏，能察觉近处的猎物。

喂！小不点，要不要来我这里吃东西？

啊……我没时间耶！

同类相残的小恶魔

美颌龙大小和鸡差不多，行动敏捷，奔跑起来可以用尾巴调整动作，还能突然改变方向，伸出长长的脖子咬住猎物。它们拥有尖利的牙齿，以小蜥蜴和昆虫为食。人们曾在一只美颌龙化石的腹部发现另一只美颌龙的残骸，看来它们连自己的同类都吃呢！

骨槌、棘刺和鞭子

大型植食性恐龙必须不停地吃东西，才能满足庞大身体的需求。如果没有肉食性恐龙在一旁虎视眈眈，生活虽然辛苦也还过得下去。

躲 藏

体型较小的恐龙会利用保护色，这样至少能避免掠食者从远处就发现自己的踪迹。保护色能融入环境，斑点或条纹图案同样能让身体轮廓在周围的环境里变得模糊不清。遗憾的是，科学家对恐龙的体色几乎一无所知，恐龙的体色几乎没有保存下来。不过某些恐龙木乃伊还是保存了部分皮肤，这部分皮肤上交互出现着由较细小和较大的鳞皮构成的条纹，在现存的蜥蜴身上也可以见到类似的纹路，而且这些纹路色彩不一。由此我们可以推断，鸭嘴龙科的埃德蒙顿龙等许多恐龙身上也许都有着彩色条纹。

想躲也躲不了

一旦体型大到一定的程度，就算想躲也躲不了。重龙体型庞大，不管用什么保护色

1 你看得到这只似鸡龙吗？似鸡龙的保护色和环境很相配。科学家推测，许多恐龙身上都有条纹或斑点。

都难以躲藏，但说来你可能不信，它们的防御武器就是惊人的体重。重龙拥有 20 吨以上的体重，可以直接压在对手身上，把对方的骨头压断、将其闷死。不过，在那以前它

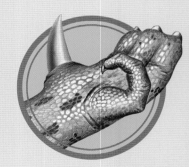

禽龙双手的拇指上有利爪，危险得要命。

2 看我把你赶跑！重龙能把长长的尾巴当作鞭子，重创攻击者。

3 哎哟！这种甲龙能用尾巴末端的骨槌把攻击者的胫骨或其他骨骼打碎。

4 小心棘刺！钉状龙身上有两排末端尖锐的利刺。尾巴上的利刺可长达60厘米，此外，两侧肩膀上还各有1根利刺。

们会先用像鞭子一样的尾巴让掠食者不敢接近，因为一旦它们对准目标挥动尾巴攻击，最严重时甚至能让对方的脊柱断裂。

像铁锤那么厉害

另一些恐龙靠的是"大铁锤"的力量。甲龙尾巴末端有个巨大的骨质槌状物，背部和颈部有骨板形成的铠甲，骨板末端尖锐如刺。甲龙需要大量的钙质才能长出骨板，所以它们可能也吃昆虫。

别惹我，不然我就刺你！

剑龙尾巴上长着棘刺，能将攻击者刺成重伤。棘刺装备最好的剑龙科恐龙是钉状龙，钉状龙从颈部、肩膀、背部到尾巴末端都长着排成两列的棘刺。禽龙是一种体型庞大的植食性恐龙，它们既没有鞭子般的尾巴，也没有骨槌、棘刺或保护它们的骨板铠甲。但它们也并非完全无法防卫，它们的每只拇指上都有一根15厘米长的尖爪，能像短剑般刺向攻击者。

逃之夭夭

战斗不但辛苦，还可能丧命，而战斗的结果也难以预料。似鸡龙很聪明，它们会避免战斗，直接逃跑。似鸡龙绝对是跑得最快的恐龙之一，时速70千米，就连大型的掠食性恐龙也很难抓到它们。

铠甲蜥蜴——中生代的骑士

遭到攻击时，三角龙用骨质的颈盾保护脆弱的脖子，避免被咬伤，头上还有长达1米的利角。三角龙的颈盾上有许多骨质突起，许多三角龙的颅骨化石显示它们的颈盾上有伤口愈合的痕迹，这证明三角龙会以颈盾作战，也可能用来抵抗大型的掠食性恐龙。

三角龙不仅要和掠食者对抗，还会用利角和同类竞争。我们可以想象这种和公鹿类似的情况，它们会用角顶住对方，想把对方推开。这种战争是为了争夺地盘或异性，有些种类的三角龙还可能用雄伟的颈盾来散热，以便在求偶竞争或战斗后，让升高的体温下降。这么看来，颈盾可以说是大自然中用途广泛又实用的发明呢！

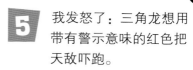

5 我发怒了：三角龙想用带有警示意味的红色把天敌吓跑。

小不点长成巨无霸

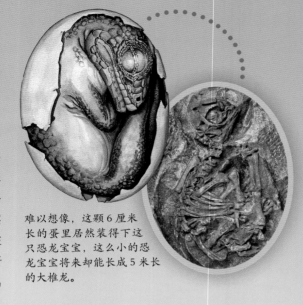

难以想像，这颗 6 厘米长的蛋里居然装得下这只恐龙宝宝，这么小的恐龙宝宝将来却能长成 5 米长的大椎龙。

恐龙大多是从蛋里孵化出来的，人类已发现的恐龙蛋最大长达 30 厘米，看起来似乎很大，但只要想想，蛋里的小恐龙将来会长成大巨兽，相比之下，恐龙蛋其实小得令人讶异。现存的爬行动物产卵后往往就离开，不再理会它们了，和这些爬行动物相比，某些恐龙的行为反而更接近鸟类。我们知道有些恐龙会筑窝孵蛋，并且在恐龙宝宝孵化出来后照顾它们相当长的一段时间，慈母龙甚至会聚集在一起，用土筑窝，一起产卵，并且像如今的鸟类一样，喂养自己的宝宝。

错了!

科学家一度以为，这只恐龙是在抢夺其他恐龙窝里的蛋时死去的，所以将它命名为偷蛋龙。但后来才发现，它躺卧在窝上是为了保护自己的蛋不受沙尘暴伤害。不过，这个恶名还是沿用下来。

宝贝，快快长大!

刚刚孵化出来的慈母龙宝宝完全没有求生能力，它们先在窝里度过几个星期，等到骨骼够硬了再离窝行动。体型娇小的恐龙宝宝，将来会长成 10 米长的巨兽，并且像父母一样过着群居生活。

慈母龙会尽心尽力照顾自己的后代，喂养它们。一大群慈母龙所筑的窝一个紧接着一个。

团结力量大

有人形容鸭嘴龙是中生代的牛，这个比喻很贴切，因为鸭嘴龙和牛一样吃素，它们过着群居生活，共同照顾后代。鸭嘴龙科中的副栉龙特别引人注目，它们可以长到10米长，并且用嘴里细小的牙齿扯食树叶。副栉龙大多以四肢行走，它们的声音可能可以传得很远。因为它们头上长着一个长约1米、形状奇特的骨栉，这种骨栉是中空的，并且分成好几格。科学家猜测，骨栉的作用可能类似喇叭，副栉龙把空气吹进去，发出尖细吹奏声等声响，它们可能用这种方法警告同伴有掠食者接近，接着直起上半身，用两条后腿逃命。

小宝贝到中间来！

三角龙等动作迟缓的恐龙可能会围成防御圈，保护自己和孩子，因为掠食者想从一群猎物中抓出一只来是相当困难的。因此，小恐龙也学会了运用团体的力量，共同抵御攻击者。

从一些足迹化石，我们知道有些恐龙会集体行动，共同寻找新的食物来源或筑窝地点，准备下蛋。它们会像今日过着群居生活的斑马或羚羊一样，集体进行长距离迁移。

白垩纪的伸缩喇叭

图中的副栉龙（左）和赖氏龙（右）头上有醒目的中空骨栉，发出的声音可能大不相同。某种赖氏龙的颅骨中甚至有微小的听小骨。

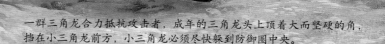
一群三角龙合力抵抗攻击者，成年的三角龙头上顶着大而坚硬的角，挡在小三角龙前方，小三角龙必须尽快躲到防御圈中央。

恐龙可以 跑多快？

暴龙奔跑时背部保持水平，头往前伸，并且利用尾巴保持身体平衡。

　　如果和一只暴龙面对面，你有没有机会逃命呢？要回答这个假设性问题，我们必须先知道恐龙可以跑多快。

电脑上的赛跑

　　当然没有人看过活生生的暴龙，但今天我们却能稍微了解恐龙可以跑多快。科学家仔细观察恐龙骸骨，尤其是它们的腿骨和足骨，从肌肉和骨骼连接的地方推断出恐龙行走、奔跑的特征。另外，科学家们还准确地测量恐龙的足迹化石，利用这些数据在电脑上重建虚拟的恐龙，让它们行走、奔跑，可以了解哪些恐龙是慢郎中，哪些是飞毛腿。

梁龙
6千米/时

　　梁龙行动缓慢，它们四肢形状像柱子，走动时，地面会因为承受巨大的重量而震动。

➡ **你知道吗？**

　　巨大的蜥脚类恐龙靠4条柱形腿支撑身体重量，它们以植物为食，不需要快速奔跑。肉食性恐龙则不同，它们可以用两条后腿奔跑，让速度大幅提升。

甲龙
10千米/时

　　平时动作不快，但被激怒时会变得如犀牛般凶猛、迅速。

人类的小孩
15千米/时

　　这种速度能逃过某些恐龙的追赶。

悠闲散步的恐龙

蜥脚类恐龙行走时四肢着地，走路的模样类似如今的大象。它们拥有和鸟类相似的肺泡，效能极高的肺部可以避免自己喘不过气。如果你有机会遇到一群梁龙，你也不必害怕，因为这种植食性恐龙时速只有 6 千米，你可以轻松逃命。

别生气！

甲龙和剑龙动作都比较慢，它们靠身上的铠甲、尾槌或棘刺保护自己。这些植食性恐龙不必追捕猎物，通常是慢吞吞的，因为奔跑会消耗许多能量，所以它们只有在保护幼龙时才会跑上一小段路程。

逃命也没有用！

跑得最快的恐龙是那些用双腿奔跑的，它们拥有轻盈的骨骼、流线型的体型和强有力的长腿，因此跑得特别快，这些特点都和鸟类类似。伶盗龙是天生的跑步高手，它们的尾巴能帮助它们在迅速奔跑或突然改变行进方向时保持身体平衡。伶盗龙跑起来时速可以达到 60 千米，异特龙时速 33 千米，暴龙时速 39 千米。一旦遇上这三种恐龙，不管哪一种你都别想逃命。虽然有些科学家认为暴龙的奔跑时速只有 28 千米，但是和你相比，它们还是快多了。跑得最快的恐龙是似鸡龙，不过如果遇到你，调头跑掉的可能是它们呢！似鸡龙没有牙齿，以植物、蜥蜴等小型动物和昆虫为食。

似鸡龙　70千米/时

似鸡龙的脚印化石显示它们是赛跑高手，说不定跑得比鸵鸟还快呢！鸵鸟是世界上现存体型最大的鸟，不会飞但奔跑速度很快。

暴龙　39千米/时

不是速度最快的，但足以追赶上人类。吃肉的恐龙力气较大，耐力也较好。

伶盗龙　60千米/时

迅速又灵活，犹如猎豹，也像猎豹那样凶猛。

➡ 世界纪录

1.5米

一群蜥脚类恐龙在法国留下了大脚印，这些脚印有1.5亿年的历史，是人类至今发现的最大恐龙脚印。

恐龙有多聪明？

剑龙只有核桃大小的脑，不是最聪明的恐龙，但它们的智力也够用了。恐龙脑部的功能会与它们的生活方式相匹配，剑龙的优势是视线范围很广。

恐龙不算是最聪明的动物。一只剑龙重达 2 吨，脑子却只有一颗核桃大小，你想它能有多聪明呢？而甲龙和壮硕的蜥脚类恐龙，和自己庞大的身躯相比，它们的脑子还更小一些呢！看来恐龙并不是伟大的思想家，至少我们不能确定是这样。

和如今的动物一样，不同的恐龙智力差别很大，不过，智力是不会变成化石的，所以研究恐龙的科学家运用两种方法了解恐龙的智力。他们先研究某种恐龙的脑部和身躯相对的大小，或是想办法了解某种恐龙的生活方式有多复杂，再推断它们必须多聪明才能应对这种生活。

谁是大傻瓜？

脑部是一种柔软的器官，死亡后很快就会腐烂分解，来不及变成化石，但科学家可以利用颅腔模型，了解恐龙的脑部大小，以及脑部哪些部位特别发达。体型巨大的恐龙，脑部往往也较大，所以科学家采用的是脑量商，也就是依据脑部和体重的比例来计算。结果体型庞大、整天忙着咀嚼叶片的蜥脚类恐龙和体型较小的肉食性恐龙相比，比较不聪明。

聪明的杀手

肉食性恐龙比较聪明且狡猾，因为猎物会想尽办法让它们吃不到，因此暴龙等掠食性恐龙必须具备多种能力。它们必须有敏锐的嗅觉才能闻到猎物的气味，还必须懂得躲起来守候，好悄悄接近猎物，并且在有效的最近距离发动攻击。掠食性恐龙的眼睛朝向前方，能准确评估距离，光是这一点，脑部就需要比较优越的评估能力。体型较小、成群的

伤齿龙——超级脑

伤齿龙可能是最聪明的恐龙了，它们长 2 米，体重可能只有 50 千克，生活在 7500 万年到 6500 万年前的北美洲。伤齿龙是敏捷、凶猛的掠食者，能用可抓握的前肢捕捉动作迅速的小型蜥蜴和哺乳动物。它们还拥有大大的眼睛，就算在光线昏暗的地方或夜里都能看得一清二楚。伤齿龙的眼睛朝向前方，因此能准确判断距离。它们很可能成群猎杀猎物，所以可以掠食较大型的猎物。

伤齿龙和如今的鸵鸟长得真像，就像是一个模子刻出来的，尤其是朝向前方的大眼睛更引人注目，这表示伤齿龙有比其他恐龙更好的深度知觉。

眼睛后方的耳朵听得到猎物的动静

眼睛能判断距离

恐龙的鼻孔能嗅到气味

敏锐的感觉器官

　　有些恐龙眼睛很大，视力很好，科学家根据脑部模型判断，它们的味觉和听觉也相当发达。鳄鱼和同属恐龙后代的鸟类都看得到色彩，由此推论，恐龙很可能不是色盲，它们也看得到色彩。

　　掠食性恐龙更是特别聪明，因为在猎杀行动前它们必须先商量好，安排好埋伏计划，而在掠食行动中还得根据情况改变计划，这些都需要相当程度的智力。

相对聪明

　　暴龙的颅骨虽然很大，脑部却相对较小，不过也足够让它们成功捕捉猎物了。

巨无霸的战争

大型掠食性恐龙非常可怕，但它们并不是恐龙王国的霸主，每次和防御性强的植食性恐龙作战，它们都得承担很大的风险。暴龙等掠食者总是避免危险的战斗，宁可选择针对幼小或年老体衰的猎物下手，以降低自己受伤的风险，同时确保有食物可吃。何况，幼小的恐龙骨骼较细，比较容易咬碎，容易摄取骨骼中的矿物质。哪些食物对健康有益，暴龙可是挺了解的呢！从带有深深的伤痕和骨折痕迹的骨骼化石可以看出，和体型较大的植食性恐龙战斗有多危险。有时候掠食性恐龙的"大餐"会奋力反抗，最后双方都倒地而死。

暴龙吃腐尸吗？

有些科学家猜测，暴龙并不是真正的掠食者，它们主要吃的是动物腐烂的尸体。暴龙视力不太好，猎物到底逃往哪里，它们看不清楚。它们的前肢也太短，无法用来作战，而在战斗中，暴龙的身躯如果倒向地面，手臂也没办法撑住自己6吨的体重。不过，腐尸的数量太少了，光靠腐尸，暴龙应该吃不饱吧？

一只巨大的暴龙攻击数只似鸡龙。这些似鸡龙虽然在体型大小方面比不上肉食性恐龙，但它们的速度却可以弥补这一劣势。

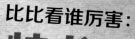

比比看谁厉害：
异特龙对剑龙

异特龙

体重：
2吨
长度： 9米
智力： ●●●
武器： 15厘米长的凶猛指爪、尖利的牙齿。

剑龙

体重：
4吨
长度： 9米
智力： ●○○
武器： 灵活的尾巴，上面长有四根致命的尖刺。

挑　战

一群剑龙正在悠闲地进食，这时一只异特龙正慢慢接近，它的鼻子喷着气，闻到了剑龙的气味。这只异特龙已经两个月没有吃任何东西，肚子饿坏了。这时，一只剑龙不小心离开了同伴，但落单的剑龙也是非常危险的对手，而这只剑龙也发现了危险，立即发出警告的叫声，并且把血液输送到背上的骨板，让自己看起来加倍凶猛。但是异特龙不理这一招，它张开大嘴，发出吼声，冲向剑龙，并且将它逼离同伴：让猎物落单是异特龙唯一的机会，这一点它很清楚。

打得你死我活

接着异特龙试图用爪子抓住这只植食性猎物，当爪子从剑龙坚硬的骨板上滑过后，剑龙受了轻伤，开始流血。异特龙暂时停止攻击，想寻找剑龙的弱点，但它犯了大错，这个空当儿让剑龙有机会可以挥动尾巴反攻，它的4根尖刺中有两根刺进异特龙完全没有防护的腹部，痛得它大声哀嚎。剑龙再次攻击，这一次击中了异特龙的胫骨，骨头应声断裂，造成身体失去平衡而倒地，异特龙被打中了。不，它是被打败了！这只剑龙也重新回到能守护它的群体中。过了一会儿，异特龙挣扎着爬起来，拖着受重创的身躯离开了战场。

有恐龙存活下来吗？

6500 万年前，地球上出现了一场浩劫，给所有大型恐龙、翼龙和海生恐龙带来了大灾难。到现在，大型恐龙算是已经灭绝了，但仍有传闻说苏格兰的尼斯湖栖息着一只存活下来的巨大恐龙"尼斯湖水怪"。苏格兰确实和欧洲许多地区一样，在最后几次冰河时期不止一次被厚达几千米的冰层覆盖，在这种条件下，怎么会有巨型恐龙存活下来呢？因此，尼斯湖水怪的故事只不过是人们的想象。

原始森林里的恐龙？

另一种说法认为，在刚果茂密的丛林里有恐龙存活下来。据说这只恐龙大小和象差不多，外表就像恐龙：脖子长、头小、还有一条长长的尾巴。当地人把它叫作"魔克拉姆边贝"。从传言来看，它的外表类似小型梁龙。在非洲其他地区也有过类似的传闻，提到有人见过类似蜥脚类恐龙的动物，但这些传闻大多没有照片或影片证明，就算有，也都是模糊不清、几乎什么都看不出来的影像，而且这些传闻也互相矛盾。所以，直到今日都还没有足够的证据，证明有大型恐龙存活到现在。

尼斯湖水怪是传说中的湖怪。它是存活至今的蛇颈龙吗？很可惜它不是，这是一张伪造的照片。

是否可能有体型很小的恐龙存活下来？

根据上面的说明，我们不必担心公园里会突然冒出一只暴龙来。不过，我们的周围其实就存在不少恐龙。恐龙的亲属中有一支继续演化，甚至还学会了飞行，这个支裔就是鸟类。乌鸫、虎皮鹦鹉和暴龙都有共同的祖先，从满口沉重的牙齿演化成轻巧的角质喙，更适合离地飞翔；而保暖的绒毛也演化成能真正飞行的翅膀。基本上，我们可以说鸡就是一种恐龙。不相信吗？你不妨仔细观察鸵鸟的模样，再和这本书第 38 页的伤齿龙做比较。

世界上最小的"现代恐龙"在如今的古巴，这种吸蜜蜂鸟体重只有 2 克，也是世界上最小的蜂鸟。

鸟类是从哪种恐龙演化而来的？

所有鸟类都源自一群体型小、动作非常敏捷的肉食性兽脚亚目恐龙——手盗龙。手盗龙包括体型和鸡差不多的美颌龙，美颌龙有着长长的腿，脚上的趾爪能用来捕捉猎物。它们没有翅膀，也不会飞，但它们的身体构造类似鸟类。这一类的恐龙有些骨骼和鸟类同样轻盈，部分骨骼内部中空，这种轻巧的构造让它们的后代有机会具有飞行能力，因为每1克的体重都会影响到飞行。幸运的是，大型恐龙已经不存在，而它们的小型后代，我们也已经司空见惯了。

实验室里能制造出恐龙吗？

有些科学家试图借助基因科技，让已经灭绝的物种重新活过来。他们必须破解恐龙的基因密码，加以重建。基因里蕴含有关于某种生物的所有信息，身体的每个细胞中都藏有这些信息。

在小说和电影《侏罗纪公园》里，科学家利用历经上亿年、保留在蚊子体内的恐龙基因复制出恐龙。有些蚊子确实可能吸过恐龙的血，但这么惊心动魄的故事是不是可能发生，却容易让人产生怀疑。也许世界上根本就没有保留得够好的恐龙基因可以进行这样的实验。事实上，历经上亿年，恐龙的基因早就找不到了。

到目前为止，我们可以说恐龙已经灭绝了，几乎已经不可能在实验室里复制出恐龙来了！

委内瑞拉著名的桌山从茂密的原始森林间耸立而起，高千余米。这处高原会不会有恐龙存活下来？

这副有着羽毛的鸟形恐龙化石，发现地点在德国，是全球闻名的始祖鸟化石。

始祖鸟

始祖鸟生活在大约 1.5 亿年前，这种远古动物虽然长有羽毛，却不是真正的鸟类。因为它们嘴里有牙齿，尾巴有尾椎，脚上有趾爪，和体型小巧的伶盗龙相近。

发现、研究、体验……恐龙！

现在你对恐龙已经进行了相当全面的了解，算是恐龙小专家了，但你一定想继续研究恐龙和恐龙时代吧！在一些自然科学博物馆，你不但有机会从近处观察恐龙骨骼，甚至能看到真正的化石，而在恐龙公园里，你还可以看到栩栩如生的恐龙模型呢！你一定会大为惊叹，有些恐龙这么大，而有些又那么小。不过要小心，某些电脑模拟出来的恐龙模型可是逼真得吓人呢！

探访始祖鸟

位于德国艾希施泰特县的侏罗纪博物馆，展示着有 1.5 亿年历史的、在索伦霍芬灰岩中发现的化石，也就是恐龙时代的昆虫、鱼类、鳄鱼等化石，也包括翼龙和一具罕见的始祖鸟化石。

www.an01118.hp.altmuehlnet.de

自己动手敲打

想要自己敲打石块和石板吗？不妨上网搜寻"Klopfplätze"这个关键词。别的地方可能会禁止游客在现场寻找化石，但这些地方很欢迎业余古生物学家前往，甚至还能租借锤子和凿子。

马路上的恐龙

在德国美茵河畔的法兰克福市，你甚至可以在森肯贝格自然博物馆门口的马路上看到恐龙呢！博物馆里有令人叹为观止的恐龙骨骼：一具罕见的埃德蒙顿龙化石。人们除了能见到它相当完整的骨骼，还看得到它的皮肤印痕和角质喙。

www.senckenberg.de

巨大的恐龙骨骼

　　世界纪录！在德国柏林自然科学博物馆，你可以见到这副高度超过 13 米、组装起来的全世界最高大的恐龙骨骼，也能见到另外 6 副同样完整组装好的恐龙骨骼。最高的这一具是腕龙，它是用真正的化石组装起来的，并且借助稳固的铁架支撑这些沉重的骨骼化石。

www.naturkundemuseum-berlin.de

恐龙公园

　　在德国下萨克森州的恐龙公园，游客有机会亲临现场体验恐龙的研究工作，看专家如何把一只属于蜥脚下目的欧罗巴龙骨骼化石从沉积岩层中挖掘出来。目前专家们已经从一个恐龙的遗迹中挖出了上千块骨骼化石，从只有 2 米长的恐龙宝宝到 8 米长的成年恐龙都有。在某个大厅里，你还可以看到真正的脚印，包括禽龙或是在这一带发现的大型掠食性恐龙的脚印，在户外还有 220 个真实大小的恐龙模型，包括一只长 45 米的地震龙。

www.dinopark.de

更多恐龙

　　想知道更多德国、奥地利和瑞士有趣的恐龙展示、考古挖掘地点、恐龙博物馆和恐龙公园吗？赶快参考下面的网址吧：

www.dinosaurier-interesse.de

访谈记录：
暴龙和三角龙

两位坚持到最后的恐龙勇士——暴龙和三角龙，它们活在同一个时代，但差异极大，其中一位想把另一位吃掉，对方却只想安静地过日子。我们的记者分别访问了它们两位，在动身进入白垩纪以前，记者听说有一颗小行星正朝地球飞近，看来这次的访谈相当危险。以下是记者和暴龙、三角龙著名的一段对话，这也是它们的遗言，请看我们的独家报道！

姓名：暴龙
年龄：6500 万岁
喜好：肉、肉、肉！

听说你总是让人印象深刻？

但愿如此，毕竟我的学名意思是蜥蜴暴君，我可是个君王，其他动物都怕我。

我可以叫你瑞西 (Rexi) 吗？

这是什么烂点子？你看我这么巨大，我可是恐怖的大蜥蜴呢！我长 12 米，高 6 米，体重将近 10 吨，够大了吧！结果你却要叫我瑞西？一定要叫的话，我跟你说，我的朋友都叫我 T.rex！

遵命！T.rex！
听说你不怎么爱吃植物，没错吧？

那种玩意儿我根本不吃。像我这种身强体壮的恐龙，最需要的只有三样东西，就是肉、肉、肉！我很爱吃三角龙，虽然它们有角，吃起来不太方便。

听说你也吃腐尸，这是真的吗？

有人这么说吗？这件事最好不要让别人知道，你会守口如瓶吧？我觉得，不应该只因为某个动物不再动了，就任凭它腐烂。如果有死了一段时间的鸭嘴龙可以吃，我当然不会拒绝呀！

你有没有想过，如果没有你，这个世界会变成什么样子？

这是什么蠢话！一日称霸世界，永远称霸世界，有谁伤得了我们呢？

比如陨石、小行星、彗星等之类的？

没听过……别再胡言乱语了，吃饭的时间到了。"吼，吼，吼！"

姓名：三角龙
年龄：6600万岁
喜好：吃树叶吃到肚子圆鼓鼓。

我觉得好像见过你……这些褶皱……

我是三角龙，这个名称听起来平淡无奇。你提到的褶皱，其实是我的颈盾，这可是我的救命宝贝呢！如果有谁想从后方攻击，只要它张嘴想咬我们，它的牙齿就会断掉。

那你会咬谁呢？

我咬谁？凡是有腿有眼睛的，我都不咬，我吃素。

你体型这么大，居然吃素？

没错，我确实很大。我长8米，高3米，体重6吨——起床以后。开个小玩笑啦，到晚上我的体重也是6吨啦！

没错，这种关于素食者的笑话我也听过。

我不是掠食者，倒比较像猎物，这种生活很辛苦。幸好我有3个角，还有颈盾保护，想找我麻烦可没那么容易。

你和暴龙战斗过吗？

次数多得很！不过大家都太高估暴龙了，你看它那两只可笑的手臂！如果哪天暴龙死光了，我也不会感到讶异的。还有，我告诉你，那家伙连放了好久的烂肉都吃呢！

你听过演化这个名词吗？

没听过，这种新潮的玩意儿我不需要知道。

如果没有你，这个世界会变成什么样子？

不可能发生这种事的。天空上那道亮光是什么？你看！

我得赶快走了，祝你好运！

越来越亮了……哎哟……

恐龙可以活多久？

古生物学家推测体型庞大的恐龙，如暴龙等，需要40到50年才能拥有繁殖能力。一般来说，恐龙大概只能活100～200岁。而且恐龙的生活条件非常艰苦，它们得面对各种疾病，也没有抗生素可用。小型恐龙寿命很短，一般活到5～10岁，但也有可能活到20岁。总之，恐龙的寿命很难说得准。

名词解释

主龙类：双孔亚纲爬行动物的一个主要分支，包括恐龙总目和翼龙目，但如今的鳄鱼和鸟类也属于这一类。

演 化：生物不断适应环境的一种自然变化过程，通过基因的变异和自然选择，产生更能适应新生活条件的动植物新种类。

足 迹：动物脚印，有助于我们了解动物的体重、群居行为、速度等信息。

化 石：存留在岩石中的动物遗体、遗物或遗迹。可能是骨骼、牙齿，也可能是皮肤、羽毛印痕、脚印，甚至远古动物的一组足迹。

胃 石：许多植食性恐龙会把小石子吞下肚，借助这些石子把胃里的植物性物质磨碎。

冈瓦那大陆：盘古大陆分裂后，位于南方的大陆块。冈瓦那大陆后来又分裂成新西兰岛屿、澳大利亚大陆、印度古陆、南美大陆、南极大陆及非洲大陆。

鸭嘴龙：鸟臀目恐龙。它们的嘴长而扁，所以叫鸭嘴龙。鸭嘴龙最大的有 15 米长，生活在白垩纪后期。

鱼 龙：海洋爬行动物，和恐龙同样生活在中生代，但不属于恐龙。

铱：稀有化学元素，在一处 6500 万年前的地层中出现大量的铱元素，证明曾经有过力量惊人的陨石撞击。

侏罗纪：中生代的第二个时期，侏罗纪大约始于 2 亿年前，终于 1.45 亿年前。

冷血动物：无法自己调节体温，必须利用阳光让身体变暖的动物。

粪 石：变成化石的动物排泄物。

白垩纪：中生代的第三期，也是最后一个时期。白垩纪大约始于 1.45 亿年前，终于 6500 万年前一场让大量生物死亡的浩劫。白垩纪末期恐龙和许多生物都绝迹了。

劳亚大陆：盘古大陆分裂后，位于北方的大陆块，包括如今的欧洲、亚洲（除阿拉伯半岛外）和北美洲大陆。

中生代：地球的中生代始于 2.5 亿年前，终于 6500 万年前。中生代又可以分为三叠纪、侏罗纪和白垩纪三个时期。中生代结束，新生代开始，新生代是哺乳动物的时代。

鸟臀目：鸟臀目恐龙拥有和鸟相似的骨盆结构。鸟臀目恐龙包括甲龙、剑龙和角龙等，都以植物为食。

古生物学家：研究古代动植物的科学家。

盘古大陆：中生代的超大陆，当时所有大陆板块合为一片盘古大陆，被大洋包围。

蛇颈龙：中生代的海生爬行动物，身躯粗壮，四肢为鳍状肢。蛇颈龙大多脖子长、头小，它们不是真正的恐龙。

翼 龙：翼龙长有皮质膜，能飞行。翼龙和恐龙没有直接的亲缘关系。

蜥臀目：这一类恐龙的耻骨和坐骨没有平行，彼此岔开。蜥脚类和兽脚类恐龙都属于蜥臀目。

蜥脚类恐龙：是蜥臀目之下的一个大类，蜥脚类恐龙是 4 只脚、体型庞大的动物，脖子极长，为了使粗重的身体保持平衡，它们尾巴也很长。梁龙也属于蜥脚类。

沉积岩：由沙子、黏土或其他物质沉积而成的岩石。沉积岩层中经常埋藏着化石。

兽孔目：包括类似哺乳动物的陆生爬行动物和哺乳动物的祖先。

三叠纪：中生代的第一个时期，始于 2.5 亿年前，终于 2 亿年前。最早的恐龙出现在三叠纪。

恒温动物：体温调节机制比较完善，能在环境温度变化的情况下保持体温相对稳定。

图书在版编目(CIP)数据

恐龙王国 / (德) 鲍尔著;赖雅静译. -- 武汉:长江少年儿童出版社, 2017.4
(什么是什么:珍藏版)
ISBN 978-7-5560-4728-4

Ⅰ. ①恐… Ⅱ. ①鲍… ②赖… Ⅲ. ①恐龙—青少年读物 Ⅳ. ①Q915.864-49

中国版本图书馆CIP数据核字(2016)第104295号
著作权合同登记号:图字 17-2016-185

恐龙王国

[德] 曼福雷德·鲍尔 / 著　赖雅静 / 译
责任编辑 / 傅一新　佟 一　舒 昕
装帧设计 / 管 装　美术编辑 / 胡金娥
出版发行 / 长江少年儿童出版社　经销 / 全国新华书店
印刷 / 鹤山雅图仕印刷有限公司
开本 / 889×1194　1 / 16　3.5印张
版次 / 2019年11月第1版第8次印刷
书号 / ISBN 978-7-5560-4728-4
定价 / 35.00元

Dinosaurier. Im Reich der Riesenechsen
By Dr. Manfred Baur
© 2013 TESSLOFF VERLAG, Nuremberg, Germany, www.tessloff.com
© 2016 Dolphin Media, Ltd., Wuhan, P.R. China
for this edition in the simplified Chinese language

本书中文简体字版权经德国Tessloff出版社授予海豚传媒股份有限公司,由长江少年儿童出版社独家出版发行。

策划 / 海豚传媒股份有限公司（19105024）
网址 / www.dolphinmedia.cn　邮箱 / dolphinmedia@vip.163.com
阅读咨询热线 / 027-87391723　销售热线 / 027-87396822
海豚传媒常年法律顾问 / 湖北珞珈律师事务所　王清　027-68754966-227